EXPLOITATION AGRICOLE DE L.-A. BOIVIN

Propriétaire et Fermier, domicilié à Lison

Membre de la Chambre consultative d'agriculture de l'arrondissement de Bayeux

Ayant obtenu la Médaille d'Or

Pour ses Exploitations, au Concours départemental du Calvados

tenu à Bayeux, en 1863

SAINT-LO
IMPRIMERIE D'ELIE FILS, RUE DES PRÉS, 5

1866

EXPLOITATION AGRICOLE

DE L.-A. BOIVIN

propriétaire et fermier, domicilié à Lison, membre de la Chambre consultative d'agriculture de l'arrondissement de Bayeux, ayant obtenu la *Médaille d'Or* pour ses exploitations, au Concours départemental du Calvados, tenu à Bayeux, en 1863.

RENSEIGNEMENTS GÉNÉRAUX[1].

SITUATION DE L'EXPLOITATION.

Cette exploitation, dont il convient de reporter le point de départ au *25 mars 1843,* date du jugement d'adjudication de la forêt de Neuilly et accessoires, rendu en l'audience des criées du Tribunal civil de Bayeux, a son siége et son centre à Lison, canton d'Isigny, et s'étend dans les communes limitrophes de Sainte-Marguerite-d'Elle (Calvados), Moon-sur-Elle, Airel et Saint-Fromond (Manche).

Elle comprend, en ce moment, une contenance totale de 116 hectares 69 ares 8 centiares : 71 hectares 73 ares 42 centiares font partie de 96 hectares 68 ares dont l'exploitant est propriétaire, tant de son chef que de celui de sa femme, née Busquet, et les 44 hectares 95 ares 66 centiares de complément sont tenus en *location verbale,* savoir : de M. Ferrand

(1) Mémoire, rédigé, en conformité de la circulaire et des instructions de son Excellence le Ministre de l'agriculture, du commerce et des travaux publics, en date du 25 juin 1864, aux fins de concourir *pour la prime d'honneur ou d'améliorations agricoles* et pour les médailles de spécialité.

de la Conté, membre du Conseil général de la Manche, à concurrence de 41 hectares 75 ares 66 centiares (ferme de la Motte, à Airel), et à concurrence de 3 hectares 30 ares de la *commune* de Lison (*marais de* Lison), suivant acte enregistré et passé en la forme administrative.

Cette exploitation comprend :

1°	29 h	62 a	27 c	de terres arables ;
2°	35	00	30	d'anciens herbages ;
3°	28	44	80	de labours convertis en herbages ;
4°	18	81	00	de prés ;
5°	1	60	70	en deux pièces cadastrées comme sol unique ou hors classe ;
6°	5	20	00	de bois taillis.
Total égal.	116 h	69 a	08 c	

La partie principale de l'exploitation, sise à Lison, triage du Haut-Chêne, contient 47 hectares 85 ares 20 centiares s'entretenant et faisait partie de l'extrémité de la forêt de Neuilly et de sa déclivité *sud* et *sud-ouest*. — Elle est bornée à l'*ouest* par un ruisseau intarissable dit des Palis, le marais de Lison (partie louée) et le chemin de fer de l'Ouest ; à l'*est*, par la route départementale n° 11 d'Isigny à Saint-Lo ; au *sud*, par la propriété de M. de la Jaille, qui seule sépare cette partie de l'exploitation de la ligne du chemin de fer de Paris à Cherbourg et de la gare de Lison.

Ce chemin de fer, en passant sur Lison, divise l'exploitation en deux parties presque égales et qui, par leurs extrémités, n'en sont distantes que de quelques cents mètres, ainsi qu'on peut le voir dans le plan d'ensemble joint à ce mémoire. — La disposition du terrain confère à la partie de l'exploitation située sur Lison les charmes d'une vue admirable et l'avantage, entre autres, de pouvoir surveiller facilement et sans déplacement non-seulement les travaux et ce qui passe sur cette partie de la propriété, mais encore, en s'aidant au besoin d'une longue-vue, ce qui se fait sur plusieurs autres points du surplus de l'exploitation sise au delà du chemin de fer.

La route départementale n° 11 divise en deux parties égales la terre dite des Vignettes, contenant neuf hectares, voisine de la gare de Lison et située sur Sainte-Marguerite-d'Elle. — La terre dite la Fontaine et accessoires, contiguë à la précédente, contenant 10 hectares, sise à Moon-sur-Elle, ainsi que la ferme de la Motte, sise à Airel, sont facilement exploitées par des chemins ruraux qui débouchent au chemin de grande communication de Saint-Aubin-de-Losque et de Saint-Fromond à Littry. — Le pré de Nérande, d'une contenance de 4 hectares 24 ares, sis à Saint-Fromond, triage du Poribet, s'exploite aussi par un chemin rural qui débouche dans ce même chemin de grande communication. — Enfin, deux rivières non navigables ni flottables, l'Elle et le Rieu, ainsi qu'un *ruisseau dit de Balençon, bordent ou traversent en certains points les* prés et herbages compris en la deuxième partie de l'exploitation sise *au delà du chemin de fer vers Saint-Lo.*

CONSTITUTION DE LA COUCHE ARABLE ET DU SOUS-SOL.

La constitution de cette couche arable et du sous-sol varie beaucoup dans l'étendue de l'exploitation.— Sur Lison, on trouve une forte terre rouge mélangée de galet; plus loin (aux Vignettes), la terre est argileuse et a fourni anciennement, à certains endroits, de la terre propre à fabriquer de la poterie; à la Fontaine, une couche glaiseuse assez profonde indique le peu de fécondité du sol; ailleurs une couleur fade accuse sa faiblesse. — Les terrains situés entre les rivières et à leur approche diffèrent des précédents; ils sont le résultat de dépôts sédimentaires enrichis de détritus de matières organiques lors du débordement des eaux.

Le climat est tempéré.—A des intervalles plus ou moins éloignés, des hivers rigoureux ont entre autres pour effet salutaire de détruire les larves, d'ameublir le sol et de le rendre plus productif.

DÉBOUCHÉS.

Les voies de communication sont nombreuses et faciles.— Des routes départementales, des chemins vicinaux et de grande communication sillonnent la contrée en tous sens. Leur état de viabilité est parfait. Le chemin de fer de Paris à Cherbourg avec son embranchement sur Saint-Lo, à la gare de Lison, est incontestablement le plus précieux et le plus puissant de ces débouchés. — Le domaine de l'exploitation est d'ailleurs placé à distances à peu près égales des villes d'Isigny, Carentan, Saint-Lo, Bayeux, et des mines de Littry, où se tiennent alternativement des foires importantes et chaque semaine de forts marchés de bestiaux.

MAIN D'ŒUVRE.

La main d'œuvre est rare, l'exploitant manque souvent de bras.— Le prix de la journée d'homme, en hiver, est d'un franc; celui de la femme varie de 60 à 75 centimes.—Vers la mi-juin, au moment où la coupe du trèfle commence, jusqu'à la fin de la moisson, qui a lieu ordinairement en septembre, le prix de la journée d'homme varie de 2 à 4 et 5 francs; celui de la femme, de 1 à 2 francs, en outre la nourriture que fournit le locateur.—La journée des menuisiers, charpentiers et maçons, se paye 1 fr. 25 c., s'ils sont nourris, et 2 fr. 25 c. au cas contraire.—L'ouvrier *tâcheron* qui travaille en hiver aux coupes de bois, réparations de fossés, terrassements et autres travaux, ne contracte ordinairement d'engagements qu'autant qu'il a la certitude de gagner au moins 2 fr. par jour.

Depuis dix ans, le salaire annuel des domestiques à gages a successivement augmenté. Ce salaire est aujourd'hui d'environ 300 fr. en moyenne pour les valets à tout faire, et d'environ 380 fr. pour un grand-valet. Un petit-valet se paye de 100 à 150 fr., selon sa force et sa vigilance.—Le salaire de la fille de ménage, placée à la tête de la laiterie, varie de 270 à 300 fr. et plus. Les autres filles chargées de traire les vaches, de les soigner en hiver, de soigner les porcs de la cour et du buret, sont rétribuées à raison de 250 à 280 fr.—Une bonne servante doit traire de 15 à 16 vaches trois fois par jour et exécuter en outre quelques petits travaux de ménage. Les servantes qui se restreignent à des travaux moins pénibles ne se louent que 200 à 220 fr. —En résumé, dans cette période décennale, le salaire des domestiques à gages a doublé et celui des servantes a triplé.

PRODUCTIONS DU PAYS.

Les productions du canton d'Isigny se composent pour la plus faible partie du produit des terres arables qui suffit tout au plus à ses besoins de consommation. Son produit dominant est celui qu'il tire de ses herbages et prairies, en première ligne par ses beurres qui ont conquis une si juste renommée sur les marchés de la capitale; et ensuite par la production du bétail, dont la vente après engraissement est pratiquée sur une assez grande échelle.

RENSEIGNEMENTS SPÉCIAUX.

1° Défrichements.— Conversion de 45 hectares de FORÊT *en un* CORPS DE FERME COMPLET, *contenant terres arables, plantations de pommiers et autres arbres, herbages, clôtures, abreuvoirs, lavoir, bâtiments manables et d'exploitation, eaux de source et d'irrigation, etc., le tout d'un* REVENU ACTUEL TROIS FOIS ÉGAL *au revenu antérieur au défrichement, et susceptible d'une augmentation prochaine et certaine à concurrence des deux cinquièmes en ce qui concerne les herbages.*

Le fait dominant dans l'exploitation Boivin et le plus fécond en améliorations agricoles consiste dans 1° le défrichement de 45 hectares de l'ancienne forêt de Neuilly, compris dans les 27e, 28e, 29e et 30e lots de l'adjudication de 1843 ; 2° la conversion successive du terrain défriché en un corps de ferme complet. Ce défrichement, faiblement commencé dès 1843, fut sérieusement attaqué en 1844 et continué depuis sans interruption jusqu'en 1857. C'était en soi une rude et difficile entreprise que ce long et laborieux défrichement par un cultivateur, agissant seul et sans expérience de ce genre d'opérations.—Pendant toute la durée de ces travaux, ajoutés à ceux d'un faire-valoir comprenant en moyenne 55 hectares, il fallut avoir simultanément affaire aux défricheurs, bûcherons, sabotiers, fabricants de lattes et de cercles, aux ouvriers chargés d'écorcer les chênes pour la fabrication du tan, aux charbonniers, carriers, maçons, charpentiers, menuisiers, terrassiers, etc. Ce personnel était journellement de 60 à 80 individus. Mais, indépendamment de la direction et surveillance qu'il réclamait, une condition impérieuse de cette exploitation directe d'un grand défrichement commandait de trouver le placement à de bonnes conditions des bois diversement œuvrés et des charbons produits par ce défrichement. — Ceci entraînait des relations actives avec plus de 150 acheteurs, débitants et correspondants, ce qui entraînait d'ailleurs une comptabilité très-détaillée et quotidiennement mise à jour avant de céder au sommeil après des journées de travail actif qui comptaient rarement moins de 17 heures. — Les éléments de cette comptabilité ont été conservés et peuvent être représentés.

C'est ici le cas de faire observer qu'à partir de 1843, comme auparavant, depuis qu'il eut embrassé en 1821 la profession d'agriculteur, Boivin de Lison a toujours tenu parallèlement, jour par jour, deux registres ou livres, l'un contenant les recettes, l'autre les dépenses quotidiennes, le tout totalisé fin d'année et constituant par le fait, dans la forme la plus simple pour son usage personnel et pour pouvoir se rendre compte de sa situation à toute époque, tout à la fois un livre-journal, terminé par une balancee de fin d'année.

C'est à cette habitude sage de tout homme positif que l'exploitant doit inopinément de pouvoir satisfaire, au 31 décembre 1865, à l'une des conditions d'un Concours régional créé par la constante et puissante sollicitude de l'Empereur pour les intérêts de l'agriculture.

Le tableau suivant, composé d'extraits, puisés dans ces registres, contient, en chiffres, aussi laconiquement que possible, l'ensemble et les résultats de la marche de l'entreprise pendant les 21 années écoulées de 1843-1844 à 1864 inclusivement :

Dépenses.

Extrait du premier registre, **1843-1844.**

Premier Exercice.

	fr.	c.
Voir, page 29, résumé du compte-rendu.— Défrichement de 5 hectares 11 ares..	6,072	29

1845.

Deuxième exercice.

Voir, page 47, résumé du compte.—Défrichement de 6 hectares 1 are 47 centiares..................................	5,575	77

1846.

Troisième exercice.

Voir, page 66, résumé du compte.—Défrichement de 2 hectares 94 ares 47 centiares..................................	6,218	66

1847.

Quatrième exercice.

Défrichement de 6 hectares 23 ares 70 centiares.—Voir, page 95, résumé du compte..	11,814	24

Recettes.

1843-1844.

1er exercice, premier défrichement.

Les ventes partielles de 1843 et le produit du premier défrichement de 1844 se sont élevés à	6,243f 62c	fr. c. 9,728 82
La fabrication de paniers a produit	295 45	
Bois d'œuvre vendu à Sicard, 1857 bûches	1,130 55	
Vente de bois (5,148 bûches) aux mines de Littry, au prix de 40 fr. le cent de bûches rendues	2,059 20	

1845.

2e exercice et deuxième défrichement.

Produit de ventes de diverses natures pendant cet exercice	7,180 74	10,003 70
Livraisons de bois aux mines de Littry	431 60	
Bois d'œuvre (4,608 bûches) vendu à Sicard	1,935 36	
Vente de grains du premier défrichement	456 »	

1846.

3e exercice et troisième défrichement.

Produits de ce défrichement	4,174 85	5,739 11
Livraisons à Sicard de 881 bûches à 35 et 42 c. l'une	344 96	
Livraisons de 2,907 bûches à Littry	1,162 80	
Vente de grains	56 50	
Vente de grains de la récolte de 1846 vendus en 1847		171 50

1847.

4e exercice et quatrième défrichement.

Produit de diverses natures de bois provenant de ce défrichement	6,990 65	18,136 57
Ventes de bois aux mines de Littry (5,249 bûches)	2,099 40	
Vente de 1,267 bûches faite à Sicard	446 50	
Vente de sabots provenant du bois (5,899 paires)	3,170 77	
Vente de 740 bûches de hêtre à Pierre Le Franc, à 50 c. la bûche	370 »	
Vente de 48,293 demi-kilogrammes de charbon	2,436 »	
Vente de grains excrus sur les défrichements	2,623 25	

Dépenses.

1848.

Cinquième exercice, 2e Registre.

Défrichement de 4 hectares 27 ares 40 centiares.—Commencement des constructions.—Voir, page 20, le résumé de cet exercice..	13,463 38

1849.

Sixième exercice.

Voir, pages 33 et 34, du compte-rendu.—Défrichement de 4 hectares 15 ares 40 centiares.—Continuation des constructions...	15,635 07

1850.

Septième exercice.

Voir, page 50 *bis*, compte-rendu.—Défrichement de 3 hectares 79 ares 60 centiares.—Suite des constructions.................	11,645 44

1851.

Huitième exercice.

Compte-rendu, page 81.—Conversion en taillis.—Suite des constructions...	12,236 25

Recettes.

1848.

5e exercice et cinquième défrichement.

Vente au détail de diverses natures de bois......	4,062 85	14,265 81
Livré 1,494 bûches de bois à la mine de Littry...	594 »	
Vendu à Sicard 683 bûches à 35 c. l'une........	239 05	
Vente de 8,542 paires de sabots..............	5,076 24	
Ventes de charbons (48,493 demi-kilogrammes)..	2,322 79	
Produit de la vente des grains récoltés.........	1,680 38	
Livré à Pierre Le Franc 581 bûches à 50 c.......	290 50	

1849.

6e exercice et sixième défrichement.

Vente au détail du produit de ce defrichement pendant le cours de 1849..................................	3,988 32	14,747 07
Livraisons faites à Sicard (952 bûches).........	334 60	
Vente de 1,645 bûches à la mine de Littry.......	575 75	
Vente de 24,739 demi-kilogrammes de charbon..	1,175 03	
Vente de 10,596 paires de sabots..............	5,998 07	
Vente de grains, récolte de 1849...............	2,675 30	

1850.

7e exercice et septième défrichement.

Ventes au détail (produit du défrichemeut)......	2,882 19	17,756 25
Livraisons faites à Sicard (1,052 bûches)........	368 15	
Fourniture de 2,098 bûches à la Mine..........	734 47	
Vente de grains de la récolte de 1850...........	3,983 99	
Vente de 50,680 demi-kilogrammes de charbon..	3,408 44	
Vente de 11,271 paires de sabots..............	6,232 01	
Vendu à Pierre Le Franc 286 bûches...........	147 »	

1851.

8e exercice.—Conversion de 4 hectares en taillis.

Produit de la coupe..........................	5,087 24	17,887 57
Fourniture de 1,704 bûches 1/2 à la mine......	596 56	
Vente de 258 bûches à Pierre Le Franc.........	129 »	
Vente de 45,560 demi-kilogrammes de charbon.	2,176 55	
Ventes de grains..............................	3,983 99	
Vente de 10,250 paires de sabots..............	5,914 23	

Dépenses.

1852.

Neuvième exercice, 3e registre.

Compte-rendu, pages 17 et 18 de ce registre.— Défrichement de 4 hectares 25 ares 40 centiares.—Suite des constructions.....	12,587 05

1853.

Dixième exercice et neuvième défrichement.

Compte-rendu, page 34.—Défrichement de 3 hectares 1 are 10 centiares.—Suite des constructions..........................	11,626 56

1854.

Onzième exercice.

Résumé de cet exercice, pages 47 et 48.—Dernière exploitation de la futaie.—Suite des constructions.—Défrichement de 3 ares..	15,659 10

1855.

Douzième exercice.

Voir, page 57, le résumé de cet exercice.—Suite des constructions.—Drainage..	6,630 39

1856.

Treizième exercice.

Compte-rendu, page 64.—Comme dessus....................	7,279 12

Recettes.

1852.

9e exercice.—Partie de defrichement.

Vente au détail du produit de ce défrichement...	3,963 »	19,476 36
Vente de 3,979 bûches de bois aux mines.......	1,270 80	
Vente de 124 bûches à Pierre Le Franc.........	62 »	
Vente de 68,207 demi-kilogrammes de charbon..	3,188 05	
Vente de 12,055 paires de sabots.............	6,617 86	
Vente de grains..........................	4,374 65	

1853.

10e exercice.—Dernier défrichement.

Produit du dernier défrichement.............	3,641 03	19,154 79
Vente de 2,900 bûches aux mines de Littry.....	1,400 »	
Vente à Pierre Le Franc (459 bûches)..........	429 50	
Vente de 57,730 demi-kilogrammes de charbon.	2,595 45	
Vente de 11,339 paires de sabots.............	5,987 56	
Vente de grains..........................	5,101 25	

1854-1855.

11e exercice.—Dernière coupe de grands bois.

Produit de cette coupe au détail..............	5,378 92	21,272 83
Fourniture de 2,471 bûches aux mines de Littry.	938 90	
Vendu à Jean Le Franc 769 bûches............	384 50	
Vente de 78,308 demi-kilogrammes de charbon.	3,624 76	
Vente de 7,598 paires de sabots...............	4,286 44	
Ventes de grains..........................	6,659 31	

1855.

12e exercice.

Vente de 85,254 demi-kilogrammes de charbon.	3,782 40	11,932 56
Vente de 3,781 paires de sabots..............	2,052 96	
Vente de grains..........................	6,197 20	

1856.

13e exercice.

Vente de 3,756 paires de sabots...............	2,010 86	8,169 26
Vente de grains..........................	6,158 40	

Dépenses.

1857.

Quatorzième exercice.

Compte-rendu, page 72.—Dernier défrichement.—Drainage.— Suite des constructions 8,806 88

1858.

Quinzième exercice, 4e Registre.

Compte-rendu, page 5 de ce registre 6,663 37

1859.

Seizième exercice.

Pages 10 et 11, résumé 6,890 20

1860.

Dix-septième exercice.

Pages 16 et 17, résumé .... 7,876 »

1861.

Dix-huitième exercice.

Page 22, compte-rendu 6,731 72

1862.

Dix-neuvième exercice.

Page 29, compte-rendu 9,675 97

1863.

Vingtième exercice.

Page 33, compte-rendu 5,726 28

1864.

Vingt et unième exercice.

Page 36, compte-rendu 3,456 98

Total général des frais d'exploitation 190,329 94

Recettes.

1857.

14e exercice. — Défrichement, coupe de taillis et ventes diverses.

Produit du défrichement de 1857 et de la coupe en taillis	1,646 35	10,305 78
Ventes de 2,162 paires de sabots	1,071 47	
Ventes de grains, liens et 2 bœufs	7,587 91	

1858.

15e exercice.

Vente de 47 paires de sabots	27 82	7,598 76
Vente de grains, bourrées, 2 bœufs	7,570 94	

1859.

16e exercice.

Vente de grains, des bestiaux, fascines, etc. 9,363 41

1860.

17e exercice.

Ventes de grains, bestiaux de diverses natures 9,836 26

1861.

18e exercice.

Ventes partielles de grains 3,444 70

1862.

19e exercice.

Ventes de grains, de fagots, fascines, bestiaux 10,490 35

1863.

20e exercice.

Vente de petits grains, fagots, bestiaux, etc 5,073 65

1864.

21e exercice.

Ventes partielles des petits grains. (Le blé est resté.) 2,429 45

Total des recettes pendant 21 ans	247,004 61
Total général des frais d'exploitation	190,329 94
Boni	56,674 67

A ce boni s'ajoute la récolte en blé de 1863-1864, existant dans les greniers au 31 décembre 1864 et qui peut être évaluée, d'après les mercuriales de l'époque, à une valeur nette de 1,800 fr., ci..... 1,800 fr.

Mais ce bénéfice de 56,674 fr. 67 c. établi plus haut et qui a naturellement servi d'autant à l'acquit du prix d'adjudication de la portion de forêt précitée (sol et superficie), n'est pas le seul produit de l'exploitation directe, tant du défrichement que de la mise en valeur du fonds défriché.

En effet, si l'on décompose et classe par espèce de travaux et dépenses les 190,329 fr. 94 c. de frais généraux d'exploitation ci-dessus établis, on trouve que, de cette somme, 18,311 fr. 20 c. ont servi à mettre en valeur le sol défriché, à le diviser et enclore par des masses de fossé et des barrières, à le purger de galets, à le drainer, à le planter de pommiers et d'autres arbres, à le dresser, à le pourvoir d'abreuvoirs et d'un lavoir, enfin à le convertir partiellement en herbages après labours préalables.

Cette décomposition des frais généraux d'exploitation se résume, en cette partie, dans le tableau analytique suivant :

1° Divisions du sol et clôtures....................	3,968f	20c
2° Etablissement de barrières et piliers..........	1,498	55
3° Ramassages annuels de galets, depuis 1846.....	1,120	»
4° Confection (à la forêt) de tranchées de drainage sur une longueur totale de 14,352 mètres, ci...	4,524	45
5° Plantation de 340 pommiers et de 78 chênes....	850	»
6° Déblais et remblais........................	650	»
7° Façon d'abreuvoirs et d'un lavoir.............	750	»
8° Conversion de labours en herbages...........	4,950	»
Total 18,311 fr. 20 c., ci.........	18,311	20
qui réunis aux 56,674 fr. 67 c. ci-dessus, ci...	56,674	67
et aux 1,800 fr. de récolte en blé............	1,800	»
Donnent un produit total de.......	76,785	87

Ces précieux résultats sont principalement dus à l'exploitation directe par le propriétaire de l'entreprise ainsi qu'à l'exécution sous son œil, sous son contrôle et sa direction permanente des parties de l'entreprise qu'il fallait nécessairement confier à des tiers.

Aucun autre adjudicataire de la forêt n'a réalisé à beaucoup près de pareils gains, toutes choses égales d'ailleurs quant aux contenances et valeurs des terrains à défricher.

A la vérité, le seul fait d'être obligés d'opérer, à distances plus ou moins grandes, par des intermédiaires exigeant bénéfices ou salaires, et sur des matières étrangères aux goûts, travaux, professions ou occupations habituelles de ces adjudicataires, créait nécessairement contre eux une cause grave d'inégalité dans les produits et résultats de l'entreprise.

Ceci posé, il convient de décrire sommairement les améliorations réalisées par cette dépense de 18,311 fr. 20 c.

1° *Divisions du sol et clôtures.* — Dans la Basse-Normandie il est d'usage de diviser la propriété par des masses de fossé avec creux, ce qui dispense d'attacher les bestiaux pendant qu'ils pâturent et d'avoir un gardien pour les surveiller. — Conformément à cet usage, les 27e, 28e, 29e et 30e lots de l'adjudication de 1843 ont été divisés en 18 parcelles contenant un, deux, trois, quatre hectares et plus, et ce par des masses de fossé avec creux de 1m de profondeur et de 1m 85c à 2m de largeur. Sur ces clôtures sont plantés des ormes et des chênes, et elles sont garnies, sur les côtés, d'épines plantées en tablettes. Des arbres verts ont été plantés sur cinq de ces masses, et l'avenue a été garnie de deux rangs de chênes âgés de 15 à 18 ans. — La longueur totale de ces fossés est de 6,300 mètres. Le prix de façon variait entre 4 et 8 fr. le décamètre, selon les difficultés du terrain et le relief des travaux. La dépense totale, y compris l'acquisition de 89,300 pieds d'épines et plantes s'élève, comme il a été énoncé, à 3,968 fr. 20 c.

2° *Etablissement de barrières.* — Les clôtures dont on vient de parler ont exigé 40 barrières dont plusieurs et notamment celles de l'avenue se distinguent des barrières ordinaires. Celles-là sont nanties de piliers en granit exempts d'entretien pendant longues années. Les deux piliers de la barrière de l'avenue sont remarquables par leur travail et leur élévation.

La façon de ces barrières, leurs ferrures dont une partie est d'un genre spécial et leurs piliers ont coûté ensemble 1,498 fr. 55 c.

3° *Ramassages de galets; pavages divers.* — L'action de la charrue dans les terrains défrichés fit surgir à la surface du sol des quantités considérables de galets nuisibles à la végétation des semences confiées à la terre et pouvant par leur masse altérer le sol. — Il fallut ramasser annuellement ces galets qui furent d'ailleurs utilisés pour l'empierrement de l'avenue et de la cour de la ferme, des voies d'exploitation, des approches d'abreuvoirs, passages des barrières et tranchées de drainage.

Le ramassage de 1,120 mètres cubes de ces galets, à raison de 1 fr. le mètre cube, a coûté 1,120 fr.

4° *Drainages.* — La loi du 10 juin 1854 sur le drainage et celle du 17 juin 1856 affectant une somme de cent millions à des prêts destinés à faciliter les opérations de drainage en France, avaient hautement proclamé l'importance du drainage et les encouragements donnés par l'Etat à ce mode de progrès et de perfectionnement de l'agriculture. — Profondément convaincu, d'ailleurs, des avantages d'un drainage sagement appliqué, Boivin, de Lison, après études théoriques puisées dans une traduction d'un auteur anglais (Stephens) se mit à l'œuvre, dressa seul ses plans annexés à ce mémoire et les fit exécuter sous sa direction. — Son travail commencé en 1855 fut terminé en 1862 et consiste, en résumé, dans l'exécution de tranchées de drainage d'une longueur totale de *25,628 mètres* dont *14,352 mètres à la Forêt, partie défrichée* (un bois taillis de 2 hectares 85 ares environ ayant été conservé pour les besoins de l'exploitation), et *11,276 mètres* exécutés *sur la 2e partie* de l'exploitation au *sud* du chemin de fer.

La profondeur des tranchées est généralement de 1m à 1m 15c. Les distances entre elles varient en raison de l'humidité du sol et de l'abondance des eaux; les intervalles varient de 6 à 12 mètres.—Tant qu'on possédait du galet, on en garnissait le fond des tranchées sur une hauteur de 40 centimètres à l'orifice. Cette hauteur s'en allait décroissant jusqu'à réduction à 25^{c} à l'autre extrémité de la tranchée. On recouvrait ensuite ce galet avec des fascines pour empêcher l'introduction des terres dans les pierres; un mètre cube de galet garnissait un fonds de tranchée sur un décamètre de longueur.

Lorsque le galet faisait défaut, on employait les tuyaux recouverts par des cailloux dont un mètre cube fournissait un recouvrement de trois décamètres de longueur. Si les tuyaux étaient employés seuls, on faisait écraser avec des pilons les mottes de terre végétale provenant du découvert supérieur des tranchées, considérée comme plus perméable, après quoi on en recouvrait les tuyaux.

Dans un pré d'un hectare où l'on ne pouvait creuser à plus de 70^{c}, il fut fait usage de fascines composées d'épines, et ce moyen réussit.—Du reste, ces différentes manières d'opérer ont toutes atteint le but; mais le drainage avec galets et fascines recueille plus promptement que ne le font les tuyaux, les égouts des terres dont il opère plus vite le desséchement. Par contre, ce mode de drainage est plus dispendieux. La nature rocailleuse du sous-sol de la Forêt (Lison) rendait ce travail difficile. Ce drainage ne coûtait pas moins de 350 fr. par hectare, et les 12,927 mètres courants de drainage ont coûté la somme totale de 4,524 fr. 45 c. *La surface assainie est très-approximativement de 12 hectares 80 ares, en cette première partie de l'exploitation.*

Cette entreprise manquant de précédents dans les localités attira, au début, des critiques et railleries à l'entrepreneur.—Dans un certain rayon, on disait et répétait à l'envi qu'il ferait beaucoup mieux d'employer son argent en engrais sur ses terres que de les dessassoler et détériorer, ce qui n'arrêta pas un instant la marche de l'entreprise. Dans sa troisième année, certains critiques vinrent examiner les effets du drainage de la première année et ils purent reconnaître que là où le sol avant le drainage était improductif par excès d'humidité, les récoltes étaient depuis égales, sinon supérieures à celles excrues dans les terrains toujours secs. Aussi, dès la cinquième année, l'entrepreneur a eu des imitateurs, en petit nombre, il est vrai; mais il ne tiendra pas à lui que ce nombre ne s'accroisse, car il préconisera toujours, dans l'intérêt général et privé, les excellents effets du drainage qui a sensiblement amélioré et enrichi ses herbages dans toute l'étendue desquels il peut maintenant tenir ses bestiaux en hiver, sans avoir à redouter aucune détérioration du sol. Ses terres arables ont aussi beaucoup profité des améliorations produites par le drainage. Ainsi, on peut aujourd'hui labourer tôt après cessation de la pluie, là où il n'était possible d'aller à la charrue qu'après 6 ou 8 jours et davantage de beau temps.—Avant le drainage, dans les années humides, les emblavures faisaient défaut sur beaucoup de points. Ordinairement la raie d'épurement des sillons ou billons et ses deux voisines ne produisaient rien, maintenant elles sont aussi productives que les autres. En présence de résultats excellents et qui dépassent de beaucoup les dépenses qu'ils nécessitent, on ne saurait trop préconiser le drainage et ses effets, et tout agriculteur qui se plaint d'une crise agricole, sans avoir drainé ses propriétés autant qu'elles le comportent, doit d'abord s'imputer à lui-même de n'avoir point en cette partie amélioré sa position et négligé les encouragements donnés par l'Etat.

5° *Plantation de pommiers et de chênes.*—Il ne suffit pas de dénuder en le défrichant le sol d'une forêt, il faut ensuite replanter diversement le sol défriché pour obtenir de ces plantations des produits autres et supérieurs à ceux d'une forêt. En conséquence, pour satisfaire aux besoins de la ferme nouvellement créée, et attendu que depuis l'établissement du chemin de fer, le produit des pommes à cidre ne saurait descendre au-dessous d'un taux largement rémunérateur, 340 pommiers ont été plantés en 1854 et 1855, dans deux pièces contenant 7 hectares 20 ares. Ils sont de belle venue et promettent beaucoup de fruit dans un avenir très-rapproché. Les fosses qui ont reçu les pommiers avaient 2 mètres de diamètre et 55 centimètres de profondeur. En les plantant on entourait les racines de terre végétale et friable : un engrais convenable était ensuite ajouté pour servir à leur nutrition. Le propriétaire a pour principe de prendre des sujets non greffés pour être à même de choisir les espèces de pommes qui lui conviennent. Dans l'année de la plantation, lorsque la sève est montée, il greffe lui-même les sujets à la couronne et préfère, par des motifs qu'il serait superflu d'énumérer, la greffe par écusson à la greffe en fente qui se défend plus difficilement tant contre l'humidité que contre la sécheresse.

Pour n'y pas revenir, on mentionne ici la plantation, en 1863, de 71 pommiers sur la deuxième partie de l'exploitation. Les pommiers ont coûté 180 fr. sans compter les frais de plantation.

Les 340 pommiers de la forêt ou du défrichement ont coûté, à raison de 2 fr. 50 c. par sujet, y compris plantation, une somme totale de.. 850 »

Pour suppléer dans certaines limites à la lenteur de croissance du chêne, il a été extrait de la terre des Vignettes des chênes très-droits, à peu près semblables, et âgés d'environ 15 à 18 ans, qui ornent l'avenue du Haut-Chêne, indépendamment des arbres verts plantés de chaque côté sur les fossés.

6° *Déblais et remblais.*—Pour pouvoir cultiver le premier défrichement, il fallut d'abord recombler de vieux chemins très-nombreux et très-profonds livrés au public avant l'établissement de la route départementale d'Isigny à Saint-Lo. Les rectifications des abords du ruisseau des Palis exigèrent des remblais sur plus de 700 mètres de longueur. Enfin, après achèvement des constructions dont il va être parlé plus loin, il a fallu recombler la carrière de moellons ordinaires que le propriétaire avait su découvrir et exploiter dans l'une de ses pièces bordant la route départementale.— Tous ces travaux ont coûté .... 650 »

7° Si les abreuvoirs sont seulement utiles dans les pièces en labour, ils sont nécessaires dans les herbages où l'animal qui souffre de la soif, loin de prospérer, dépérit. Aussi 15 abreuvoirs ont-ils été établis, dont quatre sur la deuxième partie de l'exploitation et onze sur la première. Plusieurs de ceux-ci peuvent desservir à la fois deux et trois pièces : quatre d'entre eux sont alimentés par *des sources, résultat du drainage.*

Un de ces abreuvoirs en alimente un second au moyen de tuyaux qui, après avoir traversé une pièce en labour planté, déversent leurs eaux dans l'herbage, dit des Chasseurs, situé de l'autre côté de ce labour. Quant aux abreuvoirs qui sont privés de sources, ils ont des dimensions telles que jusqu'ici les plus grandes sécheresses n'ont pu les priver d'eau.

LAVOIR.

Il convient de mentionner ici *un lavoir* établi dans la pièce dite du Marais, sur le ruisseau des Palis, qui divise de ce côté la propriété Boivin d'avec celle de M. le comte Léon de Germiny. Ce lavoir est de grandeur à contenir dix à douze lessivières. Sur l'un des côtés un mur de hauteur convenable a été recouvert de fortes et longues pierres de taille d'Orival qui servent à battre le linge, selon l'usage. Au moyen d'une vanne placée à l'extrémité inférieure de ce lavoir, on peut y élever ou abaisser l'eau à volonté et le mettre à sec lorsqu'il en est besoin.

BARRAGE D'IRRIGATION.

En amont de ce lavoir, un barrage en maçonnerie dont une extrémité s'appuye sur la propriété de M. le comte de Germiny, en vertu de la loi sur les irrigations du 11 juillet 1847, barre le ruisseau des Palis et en élève les eaux de façon à irriguer dans la plus grande étendue possible, d'après nivellements, la partie basse de la pièce du Marais, dont la partie haute reçoit pour son irrigation à son angle Nord Est, les eaux fécondes provenant des fossés supérieurs en temps de pluies abondantes.

Le coût de ces abreuvoirs, lavoir et barrage, s'élève à la somme de.. 750 »

CONVERSION DE TERRES ARABLES EN HERBAGES.

8° Le produit des herbages dans la contrée est plus que double de celui des terres arables eu égard entre autres aux frais de main-d'œuvre qui vont toujours en augmentant. Conséquemment, tout agriculteur, à même de convertir en herbages la partie de ses terres arables susceptible de l'être et dont la conservation en labour n'est pas indispensable aux besoins de sa ferme, se doit à soi-même d'opérer cette conversion ; ce qui conduit à cette pensée générale que si l'agriculture en France, au lieu d'avoir, à la date de 1866, et en présence d'une population stationnaire, augmenté d'un million d'hectares sa culture en blé depuis 1857, l'avait au contraire augmentée d'un million d'hectares en herbages, ce grand élément de la crise agricole concernant les terres arables, signalé dans la séance du Sénat du 10 février courant, s'il n'avait disparu, aurait été du moins singulièrement atténué.

Quoi qu'il en soit, Boivin de Lison avait, dès le début de ses défrichements, résolu de convertir le plus possible en herbages les terrains défrichés ; mais l'invincible force et nature des choses lui interdisait de commencer cette conversion avant 10 ans de culture arable de ces terrains défrichés : cette culture préalable étant indispensable notamment pour détruire et anéantir les plantes parasites, les ronces, les fougères, les genêts, le vignot ou bois-jonc dont les graines tombées sur le sol gisent inertes pendant longues années jusqu'à ce que l'action du soleil sur un sol découvert et aéré développe enfin leur germination. Donc les premières conversions en herbage ne furent commencées qu'en 1855 et 1857. Elles sont aujourd'hui en plein rapport. Elles ont reçu deux engrais composés d'un mélange de tangue et de fumiers *accompotés* avec de la terre tournée et mise en tombe et répandus à raison de cinquante mètres cubes de chaque espèce par hectare. Les dernières conversions n'ont que trois ans de date. *Le tout compose 28 hectares.*

Des engrais ont aussi été composés pour les herbages avec de la chaux et de la tangue et répandus plus particulièrement dans les endroits où les bestiaux le dépouillaient moins bien. Ce genre d'engrais se compose toujours d'un mélange de 50 mètres de tangue et de 12 à 15,000 kilogrammes de chaux par hectare. La tangue prise au pont de Saint-Fromond coûte 1 fr. 60 c. le mètre. Le harnois de l'exploitation en apporte sept mètres par jour et ne fait que deux voyages à la Forêt, contre trois et quatre à l'autre partie de l'exploitation. La chaux provenant des fourneaux Mosselman coûte rendue en gare à Airel ou Lison 14 fr. les 1,000 kilogrammes. Le harnois peut en apporter à la ferme d'Airel ou à Lison 15,000 kilogrammes dans un jour.

En résumé des tombes convenablement préparées dans les proportions ci-dessus ne coûtent pas moins de 250 fr. l'hectare. En dessous de ce prix les engrais seraient insuffisants. La contenance de trois des pièces de terre converties à la Forêt est de 6 hectares 20 ares. Elles ont été engraissées deux fois au prix de 250 fr. par hectare chaque fois. La dépense totale est de 3,100 fr., ci .... 3,100 »

Trois autres pièces, contenant 7 hectares 40 ares, ne l'ont été qu'une fois au même taux, ce qui compose une autre dépense de .... 1,850 »

En tout .... 4,950 »

En réunissant ces huit chefs de dépense et d'améliorations, on retrouve le chiffre total établi plus haut de 18,306 20

Pour ne rien omettre de ce qui compose le produit net du défrichement, il faut, aux 76,780 fr. établis plus haut, ajouter la valeur des bois de chêne entrés dans les constructions ci-après, valeur que l'on ne saurait aujourd'hui préciser parce que le propriétaire n'avait dans le temps aucun motif, aucun intérêt, à tenir notes de ces détails estimatifs, mais qui ne saurait être évaluée en gros à moins de 17,000 fr.

10° *Bâtiments et constructions.*—Tous les bâtiments manables et d'exploitation existant au siége de l'exploitation ont été construits à neuf au fur et à mesure des progrès du défrichement et des besoins de l'exploitation.—Considérés dans leur ensemble, ils dessinent, ainsi qu'on peut le voir sur le plan ci-joint n° 2, un parallélogramme dont la *maison manable et les bâtiments secondaires* annexés de droite et de gauche forment le côté *sud*, la *grange* et la *charreterie* forment le côté *nord*, les *écuries* et *étables* des bêtes bovines forment le côté du *levant* et le *pressoir*, le *cellier* et autres *petits appartements* forment le côté du *couchant*. Les ouvertures et portes des bâtiments d'exploitation donnent toutes sur la cour qui forme l'intérieur de ce parallélogramme ; il en résulte que de l'intérieur de la maison manable et par l'une quelconque des fenêtres de sa façade *nord*, le maître peut suivre avec la dernière facilité tous les mouvements d'entrée et sortie des bâtiments d'exploitation.

La disposition générale des bâtiments est l'œuvre du propriétaire.— Les bâtiments d'exploitation, de même que tous les autres travaux exécutés sur le domaine de l'exploitation, l'ont été d'après les plans et sous la direction unique de ce propriétaire, qui a dû recourir à l'habile expérience de M. Tréfeu, architecte à Saint-Lo, pour la construction de la maison manable et de ses annexes, disposées toutefois, d'après les résolutions du propriétaire, de façon à ce que, lorsqu'il cessera de faire valoir, il puisse, en condamnant deux portes, l'une au rez-de-chaussée, l'autre au 1er étage, fournir vers *couchant*, à un fermier, les bâtiments nécessaires à son logement et autres besoins d'une location et se réserver à lui-même, vers *levant*, tous appartements nécessaires à une confortable habitation de maître, sans communication avec celle du fermier.

PRÉCIS CHRONOLOGIQUE ET DÉTAIL DES CONSTRUCTIONS.

1848—Construction de la Grange et dépendances au nord de la Cour.

Cette construction, impérieusement réclamée par les produits croissants du défrichement, fut commencée en mai 1848, malgré de graves inquiétudes nées des événements politiques. Elle est, comme toutes celles qui vont suivre construite, à mortier de chaux et de sable. Sa longueur est de 20 mètres ; sa largeur de 7 mètres 90 c. Elle a 6 mètres 70 c. d'élévation.—Des remises furent établies en arrière du côté *nord*, sous forme de hangars, disposées de manière à ce qu'on pût y suspendre les charrettes à gerbes, loger les bannes et banneaux. Aux deux extrémités et dans un endroit séparé, on peut mettre à couvert les herses, les charrues, le cylindre ou rouleau en bois (celui en granit dégagé de sa monture pouvant rester dehors).—Un cabriolet trouve son logement dans un autre compartiment.

Par suite de conversions en herbage qui sont de 22 hectares sur 28, en cette partie de l'exploitation, on pourra facilement prendre à même la partie occidentale de cette grange, l'emplacement d'un cellier qui sera divisé du surplus de la grange par un mur et qui, couvert d'un plancher, fournira un grenier de plus.

Cette grange contient une *machine à battre*, vendue 1,600 fr. par M. Gérard, mécanicien à Vierzon. Cette machine a l'avantage de prendre les gerbes en travers et de moins en briser la paille que celles qui les prennent dans le sens de leur longueur. L'économie de main-d'œuvre et de temps qu'elle réalise compense largement et au delà le prix d'achat et les intérêts du capital déboursé.

Deux belles échelles sont suspendues entre et contre les poutres de la batterie, un rateau à cheval est suspendu dans l'acul de cette grange, le tout sans gêner en rien le *battage des grains*.

En *1849*, furent construites au levant de la cour, *deux écuries* et *deux étables* pouvant contenir 16 vaches et dans l'une desquelles existe une crèche qui reçoit les pailles ou les racines hachées que l'on donne à manger aux bestiaux.

La principale écurie contient cinq chevaux et autant de stalles. L'aire est pavée avec du galet: la mangeoire est en pierre de Fontenay, garnie sur le bord d'une planche en chêne. Le ratelier est également en chêne. —Deux domestiques couchent dans cette écurie.

La seconde ne reçoit que deux chevaux dans les stalles.—Quatre domestiques occupent l'autre extrémité.—Le ratelier et l'auge sont en chêne. Le dessous de tous les planchers, sans exception, est proprement enduit.

Sur ces étables et écuries existe un très-beau grenier, bien aéré et dont le parquet en bois est garni de plinthes tout autour. On y monte par un escalier en bois placé à l'extérieur du mur pignon *sud*.

Contre cet escalier sont placés deux appartements d'une largeur de 3 mètres. L'un sert d'écurie pour un cheval et son aire est pavée avec du galet; l'auge et le ratelier sont en bois.—L'autre petit appartement sert de refuge nocturne aux canards.

Dans les combles de ces divers bâtiments on loge 6 mille bottes du poids de 3 kilogrammes.

1850—Construction d'une Boulangerie.

Placée à l'extrémité sud-est du jardin potager et séparée de la maison d'habitation par toute la longueur de ce jardin, cette boulangerie ne gêne en rien la magnifique vue dont on jouit de tous les appartements sis au sud de la maison manable. Le four est fait en briques et en carreau. La porte en forte tôle est montée sur fer. Sur le plancher est logé l'approvisionnement de bourrées.

Cette boulangerie sert aussi de buanderie; une chaudière y est établie pour chauffer la lessive.

1851—Construction d'un Cellier, d'un Pressoir, de Burets,

le tout se tenant et d'une longueur de 22ᵐ sur 7ᵐ90 de largeur.

Cette construction parallèle aux écuries et étables aux vaches, dont elle est distante de 35 mètres 35 c., ferme le côté *ouest* de la cour.

L'intérieur du cellier mesure 44 mètres carrés. Une porte d'intérieur communiquant avec le pressoir facilite le travail du brasseur et économise son temps.

Le tour et la cuve de sous l'émoi du *pressoir* sont en granit. La cuve contient 1,400 litres. Le tour a 4 mètres 65 c. de diamètre.—Les meules sont montées d'après le nouveau système.

Les deux grosses pièces de la machine ont 7 mètres de longueur; le tout est en chêne, moins la vis et les clefs. On peut brasser 100 hectolitres de pommes à la fois.

Le grenier au sarrasin recouvre le cellier. Sur le pressoir, un fenil, qui se prolonge d'un côté sur le grenier au sarrasin et de l'autre sur la machine du pressoir, contient 8,000 bottes du poids de 3 kilogrammes.

Les burets au nombre de trois, sont divisés par des murs d'un mètre 30 c. d'épaisseur. Les aires sont faites avec un mélange de chaux et de cassage de ce petit galet que l'on emploie sur les routes. Elles sont très-faciles à laver, à tenir propres. Les porcs ont une cour particulière par laquelle s'accèdent deux de ces burets, le troisième borde la cour principale. Les déjections recueillies dans les trois burets, le lavage des aires, les eaux de leur cour, servent mélangés à engraisser un herbage voisin, dans lequel on met habituellement les porcs à pâturer.

La distribution de ce mélange s'opère habituellement au moyen d'une tranchée dont on varie la direction et qui verse son contenu sur la partie nord-est de cet herbage incliné vers le sud.

1852—Construction de la Maison manable et de ses annexes.

Si l'on se reporte au plan linéaire n° 2, présentant l'ensemble des bâtiments et du jardin, on voit que le bâtiment principal qui est semi-double, contient, au rez-de-chaussée et à l'*est* de l'escalier, une salle à manger et un salon : ces deux appartements ont un parquet en chêne, des devants de cheminées en marbre et de beaux plafonds. La salle à manger est entièrement lambrissée; le salon l'est en partie, une tapisserie en harmonie avec l'appartement orne le surplus des murs. Au *couchant* de l'escalier se trouvent la cuisine et une petite salle plafonnée et nantie d'un devant de cheminée en marbre. Les propriétaires qui couchent dans cet appartement peuvent, au moyen d'un jour, masqué par un rideau, surveiller à tout instant ce qui se passe dans la cuisine.

Le bâtiment secondaire sis à l'*est* et formant aile gauche du bâtiment principal, contient au rez-de-chaussée, un appartement avec cheminée pouvant servir à usage de cuisine e servant présentement de bureau, plus deux caves et un caveau. Ce bâtiment, en communication par une porte avec le salon du bâtiment principal, s'accède vers *sud* par le jardin. Un escalier, placé à l'intérieur conduit à une fort jolie petite chambre-mansarde, construite au-dessus du rez-de-chaussée et, à volonté, aux appartements du premier étage du bâtiment principal auxquels il sert d'escalier dérobé.

L'autre bâtiment secondaire sis au *couchant*, et formant aile droite du bâtiment principal, contient cinq appartements dont l'un renferme la baratte et le fourneau, un second sert d'office, un troisième de laverie et les deux autres contiennent la laiterie dont les fenêtres sont garnies de persiennes, pareilles au surplus à celles qui garnissent au *sud* et à l'*est* les ouvertures du rez-de-chaussée du bâtiment similaire sis au *levant*.

Cette laverie, bien aérée et pavée en pierre d'Orival, est d'ailleurs établie avec tout le soin que comporte son importance dans un corps de ferme où les herbages sont et doivent de plus en plus devenir prépondérants.

Un escalier pratiqué à l'intérieur de l'appartement servant à la manœuvre de la baratte tournante et du fourneau, conduit aux chambres-mansardes où couchent les servantes et qui recouvrent l'ensemble du rez-de-chaussée.

Le premier étage du bâtiment principal, dont le plan n° 3 présente en élévation la façade *nord* sur la cour, contient cinq chambres plafonnées, tapissées, et dont les devant de cheminées sont en marbre.

Tous ces bâtiments surmontés de greniers sont couverts en ardoises et leurs poutres, chevrons, soliveaux et bois de charpente sont en cœur de chêne provenant du défrichement

Une petite cloche qui surmonte le bâtiment principal et se manœuvre du pied de l'escalier, sert à fixer l'heure des repas et à éviter les nombreuses pertes de temps qui se rattachent quotidiennement à ces fonctions.

1854—Construction d'Etables pour les bêtes bovines.

Cette dernière construction placée au *nord-est* de la cour, renferme deux étables, l'une pour les vaches, l'autre pour les bœufs. Celle-ci peut contenir 6 bœufs. Une crèche reçoit leur nourriture. Deux domestiques couchent dans cette étable.

L'autre étable peut contenir 12 vaches.

Un fenil au-dessus de ces étables peut contenir 8,000 bottes de foin. La surface occupée par cette construction est de 12 mètres 40 c. de longueur sur 7 mètres 80 c. de largeur.

Eaux de source et Citerne.

Trois puits successivement creusés à 140 mètres environ des puits des voisins, qui trouvaient l'eau à 7 ou 8 mètres de profondeur, n'ayant pas donné de résultats satisfaisants, Boivin de Lison résolut d'utiliser les eaux excellentes d'une source qui jaillissait dans sa pièce dite la *Mare Noire,* sise au *nord-ouest* de ses bâtiments. En conséquence, sous sa direction et d'après ses nivellements, une tranchée, maçonnée sur une longueur de cinq décamètres et munie de tuyaux emboîtés et cimentés, sur le surplus de sa longueur, conduit ces eaux pures, limpides, très-bonnes de goût et dissolvant le savon, dans une citerne-réservoir, contenant 20,000 litres et se prolongeant jusqu'au pied de la porte de la laverie.

Une pompe, placée en dedans de la claire-voie qui limite la cour au *sud,* fournit de l'eau pour les besoins de la cour.

Une pompe en cuivre, aspirante et foulante placée dans la laverie, fournit à la fois de l'eau dans la chaudière du fourneau, pour le nettoyage des pots à couler le lait, dans la baratte pour laver le beurre, dans la laiterie pour en nettoyer l'aire et lui donner de la fraicheur dans les temps de chaleurs. Cette pompe pourrait rendre de prompts et signalés services, au cas où le feu prendrait dans la cheminée de la cuisine, distante d'environ deux mètres.

Dépenses occasionnées par les Constructions.

Ces dépenses se résument d'après les registres dans les chiffres suivants:

1848.—La grange	2,503 59
1849.—Ecuries et étables..................	2,397 05
1850.—Boulangerie	392 03
1850-1852-1854.—Constructions de puits et d'une citerne..................	1,154 15
1851.—Etablissement d'un cellier et d'un pressoir.	3,373 24
1852.—Construction de la maison d'habitation...	25,552 79
1853.—Construction des remises derrière la grange et du mur de claire-voie sur la cour...	1,459 41
1854.—Construction d'étables au-dessus de la fumière........................	1,173 27
1854.—Construction des petits appartements au bout du cellier et de l'étable vis-à-vis..	565 12
1854.—Construction des burets et d'un chenil....	533 37
Total *à reporter*	39,104 02
A quoi il faut ajouter pour solde d'extraction des pierres de la carrière..................................	1,065 »
Ce qui compose un total final de.......	40,169 52

En présence de chiffres aussi peu élevés, comparativement à l'importance, à la solidité et au confortable de ces constructions, on ne saurait croire à aussi faible dépense; mais il faut tenir compte additionnellement des faits suivants:

1° Ne figurent pas dans les dépenses tous les bois de chêne et d'orme non achetés, employés dans les charpentes et transformés en poutres, soliveaux, chevrons, sablières, sous-chevrons, croisées, portes, parquets, lattes, palets, etc., et qui n'entrent dans les dépenses que pour frais d'abbattage et de main-d'œuvre.

2° Les gluis des couvertures en chaume et la confection des planchers en terre par les domestiques de l'exploitation.

3° Tous les transports de matériaux, de sable, de plus de 120 mètres cubes de pierres d'Orival et de granit, des marbres, des ardoises, transports dont les frais de route seulement étaient inscrits par le propriétaire au rang de ses dépenses ou débours.

Il en est de même, en ce qui concerne les moellons ordinaires entrés dans les constructions. Les études faites par le propriétaire sur son terrain, lui ayant fait découvrir près de la route départementale, une carrière de ces moellons, il n'a compris dans ses débours et dépenses qu'une somme totale de 2,665 fr., pour frais d'extraction, dont 1,000 fr. sont inscrits aux chapitres concernant la grange, le cellier et le pressoir.

En conséquence et en tenant compte de ces éléments naturellement omis dans ses registres de dépense, le propriétaire ne croit pas pouvoir évaluer, en usant de modération, la valeur de ses constructions, à moins de 64,000 fr.

Importance du capital employé sur le Domaine.

Le Candidat soussigné éprouve une certaine difficulté à satisfaire, avec la précision qu'il voudrait y apporter, à cette partie du programme. Cette difficulté naît de ce que ses agissements comme propriétaire et fermier renferment des éléments complexes, nécessairement emmêlés et variables à certaines époques. Toutefois, en se reportant à ses registres, tenus depuis 1821, époque de son entrée fort modeste dans la carrière de l'agriculteur et de l'herbager, il met en fait qu'en 1842, époque où il crut devoir quitter la location de la ferme de Sainte-Anne-sur-Lison, propriété de M. d'Aigneaux, aujourd'hui de Mme de Bellefonds, son mobilier garnissant ladite ferme de Sainte-Anne et celle de la Motte, à Airel, valait 28,000 fr., et il possédait, en outre, 6,176 fr. de numéraire.

La vente publique et volontaire d'une partie de ce mobilier trop étendu pour la seule ferme de la Motte, augmentée de 2 hectares en labour loués d'un tiers, réduisit ce mobilier à 20,000 fr., en augmentant le numéraire du propriétaire. Il n'avait entre autres conservé que trois ou quatre chevaux. Donc, quand il commença ses défrichements dans le second semestre de 1843, il avait cet avantage de position, de pouvoir utiliser son mobilier de 20,000 fr. entièrement transporté à la ferme d'Airel séparée du défrichement par les deux marais d'Airel et de Lison, praticable seulement pour les gens de pied.

Mais les exigences toujours croissantes du défrichement et des conversions, constructions de conséquence, nécessitèrent successivement l'emploi de 4, 5, 6, 7 et 8 chevaux, et d'un harnois de 6 bœufs. La succession de Mme Boivin, mère, ouverte au 15 mars 1851, lui procura, d'ailleurs, avec la propriété et jouissance entière de la portion de terre de la Fontaine, un certain mobilier mort et vif.

En comparant la situation de 1843 à celle du 31 décembre 1865, en fait de mobilier mort et vif existant sur l'ensemble du Domaine de l'exploitation, on évalue approximativement et modérément cette dernière valeur à.................................. 45,000 »

Emploi des eaux de la cour du Haut-Chêne.

Lors des grandes pluies, les eaux de cette cour, celles provenant des laiteries, laverie et des pompes, se déversent à droite et à gauche dans les deux fossés parallèles du jardin potager d'où, au moyen de barrages, on les fait couler à volonté, pour irriguer dans les herbages latéraux, ou dans celui qui borde au Sud le jardin. Dans les années de sécheresse, le fossé du couchant toujours alimenté par le déversoir de la citerne et le produit des pompes fournit au jardinier l'eau nécessaire à l'arrosement du jardin.

Fumière.

Etablie entre les étables de 1854, des lieux d'aisance et la petite écurie, cette fumière peut réunir et contenir 350 mètres cubes de fumier. Le produit des écuries et des étables y est porté chaque matin par les gens de service. Il en est de même chaque semaine du produit des burets. Les animaux mort-nés, les jeunes veaux de 4 à 6 mois qui meurent de maladies, y sont enfouis après avoir été dépécés. Les fumiers sont souvent arrosés d'une dissolution de sulfate de fer pour en arrêter les émanations. Une fosse est établie contre la petite écurie pour recevoir le purin des fumiers des écuries et des étables d'où il découle dans des tuyaux. On arrose les fumiers au moyen d'une pompe placée dans cette fosse et l'on transporte le superflu du purin, au moyen d'un fût à ce destiné, dans les lieux que l'on désire fertiliser.

Culture des défrichements.

Après les défrichements, le propriétaire donnait ou faisait donner un tour de charrue, suivi d'un hersage, pour détacher de la terre les racines de fougères, de ronces, et les petites racines des arbres et arbustes. Le hersage était facile à opérer, la terre étant alors creuse et sans consistance. La charrue rencontrait de la résistance par des racines oubliées ou volontairement laissées par les ouvriers défricheurs. L'abondance des petites racines restées sur la terre après le hersage occasionnait un travail coûteux. Pour le simplifier, le propriétaire fit confectionner un râteau de 2 mètres 35 c. de longueur, garni de dents en fer d'une longueur de 35 c., espacées les unes des autres de $0^m\ 12^c$; ce râteau était traîné par un cheval, attelé dans des brancards qui y étaient adaptés. Deux mancherons placés en arrière servaient à le diriger ou à le lever lorsque les dents étaient pleines. L'adresse de l'homme chargé de ce travail consistait à lever le rateau sur une même ligne, de manière à faciliter la réunion en tas des racines, par la personne chargée de rassembler ces racines à l'aide d'une fourche.

Ces deux personnes, le cheval et le râteau économisaient le travail de 6 personnes en plus et le travail était mieux exécuté. Le râteau avait coûté 15 fr.

La première année, le propriétaire donna ces racines, mais la deuxième année et depuis, il les fit brûler sur place en y ajoutant le plus de terre possible. Après la cuisson, il faisait répandre le tout sur le terrain à cultiver, puis herser pour en mieux opérer le mélange. Ce genre d'opération donna toujours des résultats satisfaisants.

La charrue dont on se servait pour les premiers labours était à levée, c'est-à-dire que le soc et le tournant ne faisaient qu'un. On lui avait donné des proportions plus fortes dans toutes ses parties. Elle avait coûté 70 fr. Six bœufs étaient attelés dessus.

Le premier défrichement était de 5 hectares 11 ares. Le propriétaire ensemença, dans les premiers jours d'octobre 1844, un hectare 20 ares d'avoine d'hiver, sans engrais et, en novembre suivant, 3 hectares 91 ares de blé, également sans engrais. La récolte d'avoine fut très-abondante et donna 615 gerbes et 72 hectolitres pour 120 ares. Il en fut autrement du blé qui ne rendit que 10 hectolitres à l'hectare.

Il fallut renoncer promptement à cette croyance que l'on pouvait obtenir sur défrichements jusqu'à 3 et 4 récoltes de grains, sans engrais. La chose était possible quant à l'avoine; d'autres en firent l'essai et réussirent; mais le repentir suivit le succès, lorsque plus tard ils virent que l'exploitation du Haut-Chêne obtenait toujours de meilleures récoltes que les leurs. Aussitôt après la rentrée de l'avoine et du blé, en août 1845, Boivin mit en mouvement la charrue, tourna la terre, la prépara, y mit 5,000 kilogrammes de chaux à l'hectare et, cette chaux une fois *accompotée*, donna un second tour de charrue pour mieux mélanger cet engrais avec la terre, et refit du blé en novembre. Son attente fut complétement remplie. Comparativement à l'année précédente, le nombre des gerbes fut doublé et le rendement triplé, c'est-à-dire qu'il recueillit 30 hectolitres de blé par hectare au lieu de 10.

Il fit ensuite de l'avoine dont le rendement était de 5 hectolitres à l'hectare. Sur cette troisième année, qui était la troisième récolte, il fit du sarrasin en juin 1848, après avoir mis de 15 à 16,000 (1) demi-kilogrammes de chaux par hectare. Récolté à la fin d'octobre, ce sarrasin rendait 22 hectolitres à l'hectare. Le blé récolté en retour de sarrasin, en 1849, rendit 30 hectolitres à l'hectare.

Au printemps de 1850, après trois labours préparatoires donnés à la terre et en avoir engraissé une partie avec 50 mètres de fumier à l'hectare, et l'autre partie avec 10,000 de chaux toujours à l'hectare, on sema l'orge aux premiers jours de mai avec de la graine de trèfle dedans pour créer une prairie artificielle. Au printemps de 1851, l'orge et le trèfle furent beaux sur la partie engraissée en chaux et inférieurs sur celle engraissée en fumier. Cette différence d'engrais ayant trois fois de suite produit même résultat, le propriétaire cessa pendant dix ans de mettre du fumier sur ses défrichements successifs, en songeant que cette terre riche en humus, mais privée pendant des siècles de l'action solaire, était froide et avait besoin d'être réchauffée par des principes et engrais calo-riques pour acquérir toute sa vigueur. Il ne faut pas omettre ce fait, savoir: que la deuxième année de l'ensemencement en trèfle, on faisait dépouiller ce trèfle par les bêtes de harnois, ce qui procurait à la terre un repos avantageux, après quoi la pièce ainsi reposée était reprise en sarrasin, sur un engrais de 15,000 demi-kilogrammes de chaux à l'hectare.

Cette manière d'opérer, en ce qui concerne le premier défrichement, a été exactement suivie pour les autres, excepté qu'il n'a jamais été fait autre chose que de l'avoine, lors du premier labour. Le rendement n'était pas au-dessous de 50 hectolitres par hectare.

(1) Dans le langage usuel, le mille de chaux représente 500 kilogrammes.

Assolements et Cultures

des 29 hectares 62 ares 25 centiares de terres arables restant à cultiver après les conversions en herbage.

Ces cultures sont : le *sarrasin,* le *froment,* l'*avoine d'hiver,* l'*orge de printemps,* le *trèfle* considéré comme fourrage.

Les assolements sont ainsi pratiqués. Aussitôt que possible après la récolte, un premier tour de charrue est donné à la terre pour anéantir les herbes parasites et empêcher le développement des herbes traînantes. La terre s'épuise autant à produire les mauvaises herbes que les bonnes; il faut donc la forcer au repos, tout en la soumettant aux effets de l'action atmosphérique.

L'avoine d'hiver ou de printemps, le trèfle fauché plusieurs fois ou conservé pour graine après la première coupe, étant considérés comme ayant épuisé les dernières ressources des engrais, il faut faire *du sarrasin pour 1er assolement,* ce qui se pratique ordinairement en juin, après trois labours et autant de hersages. L'engrais en chaux est placé après le premier tour de charrue dans des *binots* espacés de 3 mètres, recouverts tout autour avec de la terre et formant un volume moyen de 70 centimètres cubes. Cette chaux, une fois délitée, est mélangée le mieux possible avec sa couverture, le tout relevé en binot. Quelques jours après, on répand ce mélange sur la terre, après quoi un second tour de charrue de 12 centimètres de profondeur est donné. Le troisième labour préalable à l'action de semer se pratique sur une profondeur moyenne de 18 centimètres.

Lorsque les chancières sont hautes, on en fait avec la chaux des tombes préparées avec la charrue. La quantité de chaux mise par le propriétaire n'est jamais inférieure à 17,000 demi-kilogrammes par hectare. Cinq ares de tombes tournées à $0^{m},20^{c}$ de profondeur engraissent suffisamment un hectare. — On emploie 120 litres de semence par hectare pour le sarrasin du pays, seul admis sur l'exploitation comme étant de meilleure qualité. 80 litres suffiraient pour la semence d'un hectare du sarrasin dit de Sibérie, et 50 litres pour celui connu sous le nom de sibérie-seigle, tous deux plus abondants en grain que le premier et exigeant d'ailleurs la même culture.

2e ASSOLEMENT.— Sur le sarrasin, on fait du blé en novembre, à la première airure. Avant le drainage, et alors que les terres étaient mouillées, les emblavures étaient commencées dès la mi-octobre. Le blé employé de préférence est le blé-chicot. La semence exige 2 hectolitres et demi par hectare. La profondeur du labour varie de 20 à 25 centimètres.

3e ASSOLEMENT. — A la récolte du blé succède en octobre, et sur environ moitié de la surface, de l'avoine d'hiver; au printemps l'orge est semée sur l'autre moitié après engrais à raison de 50 mètres cubes de bon fumier par hectare. — La quantité de semence est de 2 hectolitres et demi par hectare pour l'avoine et de 4 hectolitres pour l'orge.

4e ASSOLEMENT. — Le trèfle est l'ami de l'orge. Il croît dans cette céréale de préférence à toute autre. On y sème sa graine avant le dernier hersage à raison de 12 à 13 kilogrammes par hectare. L'année suivante on en donne la première coupe à manger en vert aux bêtes de harnois. Le surplus est récolté pour la nourriture des chevaux en hiver. Si la pluie survient après la première coupe, on en obtient une seconde qui souvent est supérieure à la première.

Par précaution et dans le cas où la seconde coupe de trèfle ferait défaut, on cultive 40 ou 50 ares en vesce, pour servir de nourriture aux chevaux qui travaillent. Cette récolte se fait ordinairement dans la même pièce où est cultivée la terre à sarrasin, ce qui n'empêche pas d'ensemencer le tout en blé après avoir donné l'engrais convenable à cette petite partie.

La culture de la betterave a été essayée, mais l'aridité du sol a empêché sa réussite.

Quelques ares sont annuellement ensemencés en chanvre pour satisfaire aux besoins de cordages nécessaires à l'exploitation.

En 1856, la culture du sarrasin fut, à titre d'essai, remplacée par celle du colza Les produits furent avantageux et déterminèrent la continuation de cette récolte pendant plusieurs années successives. Mais les récoltes en blé, quoique précédées d'un engrais à raison de 17,000 demi-kilogrammes de chaux à l'hectare préparée comme il a éte dit plus haut pour le sarrasin, ne donnèrent plus qu'un rendement médiocre. Le propriétaire, craignant que l'abondance de la graine de colza produite (33 hectolitres à l'hectare) n'altérât son sol, abandonna cette culture et reprit le sarrasin qui, s'il produit incomparablement moins, bonifie le sol, loin de le détériorer.

Les semailles se font à la main et à la volée : jamais sous raies.

Le sarrasin et l'orge se font par grandes rayures ; le blé, par sillons de 4 mètres de largeur. Depuis le drainage, la raie n'a plus de raison d'être. Toutefois celui qui herse y trouve un peu plus de facilité et, comme il pousse autant de blé dans la raie qu'ailleurs, le propriétaire a laissé jusqu'ici continuer cet ancien usage.

Il a toujours eu soin de laver son blé et de le chauler pour le tenir propre. Ses récoltes sont toutes engrangées.

En fait de charrue, il en a essayé de différents modèles, et il a été conduit par l'expérience à adopter définitivement pour ses terres fortes mélangées de galet la charrue avec avant-train.

Chaque charrue est attelée de quatre chevaux ou de six bœufs selon leur âge.

Instruments.— Ceux qui servent à la culture des labours sont les charrues à avant-train, les herses à dents de fer de différentes grandeurs, les cylindres ou rouleaux en bois ou en granit. Des voitures dites maringotes, banneaux, tombereaux, attelées d'un cheval, servent pour les petits transports ; huit grosses voitures dites chartils, bannes, charrettes à gerbes, servent, les unes au transport de bois et engrais, les autres au transport des foins et des grains. Le prix de chacune varie de 120 à 400 francs.

Moisson. — Les récoltes de trèfle et de luzerne se font dans le mois de juin pour la première couche, et en septembre pour la seconde.— La maturité du blé et de l'avoine d'hiver a lieu, suivant les années, du 15 juillet au 15 août.— L'orge se récolte en septembre et le sarrasin de la mi-septembre au 20 octobre. — Il est fait usage de la faux pour la tonture des prés et la coupe de toutes les céréales. — Pour râteler les foins et les grains, on se sert du *râteau à cheval* perfectionné de Peltier jeune, dont le prix est de 250 fr. pris à Paris. On ne saurait trop louer les services que rend cet instrument : il économise le travail de huit personnes.

Le battage des grains est exécuté dans l'exploitation de deux manières, tantôt avec la machine, tantôt avec le fléau. Les petits grains sont battus avec la machine ainsi qu'une partie du blé. Si l'on a besoin de glui pour couvrir les bâtiments de l'exploitation, il faut recourir à la méthode ordinaire de battage; le glui obtenu à la mécanique serait impropre à faire une bonne couverture : il ne se soutient pas, et le couvreur l'emploie difficilement; la couverture qu'il sert à confectionner est creuse et l'eau facilement y pénètre. Si de la paille, produit de ce battage, on veut faire de la litière pour les bestiaux, l'opération est bonne et produit une économie de temps précieuse. Mais veut-on faire manger la paille aux chevaux, aux bœufs, aux vaches, il faut faire battre au fléau ou mieux chaumer ou *griger,* expression du pays, c'est-à-dire prendre une petite brassée de blé, la frapper sur un établi jusqu'à ce que la plus petite partie du blé soit sortie de son enveloppe, après quoi l'on frappe avec une verge de fléau le bout des épis pour achever de détacher les grains restés dans leurs capsules, et l'on fait ensuite passer à plusieurs reprises l'autre extrémité dans un râteau en bois à dents longues de 40 centimètres pour enlever les enveloppes de paille fine dont les bestiaux sont très-friands. A ce moyen on obtient de parfait glui. Il est de remarque que le tarare de la machine à battre enlève la plus grosse paille, mais ne nettoie pas le blé destiné à être vendu à la halle. Le tarare perfectionné de Youf remplit parfaitement cette condition.

Exploitation du marais de Lison tenu à location.

La partie du marais de Lison contenant 3 hectares 20 ares, enclavée entre le chemin de fer et le domaine de l'exploitation était devenue tellement mauvaise, notamment par le défaut de bonne tenue des cours d'eau environnants (le Rieu et les confluents de l'Elle et du ruisseau des Palis) que la municipalité de Lison crut en tirer tout le parti possible en louant pour 12 ans ce marais, à raison de 177 francs l'hectare, soit 600 francs pour le tout. — Le fermier qui était, comme il est encore, Président de la Commission syndicale provisoire chargée de la formation du syndicat d'assainissement des vallées de l'Elle et de la Vire, étant parvenu à mieux faire curer et fonctionner les cours d'eau en cette partie et au delà, la stagnation des eaux cessa et la végétation se développa dans de meilleures conditions. Non content de cela, le fermier fit d'abord travailler et convertir en tombes les cururcs et produits annuels du havelage amoncelés sur le bord des limes d'une façon nuisible à l'écoulement des eaux. Ensuite il ajouta 46,000 kilogrammes de chaux à ces tombes qu'il fit repasser après le délitement de la chaux opéré. Un mois plus tard, elles furent débûchées et répandues. Ce travail, compris l'engrais, coûta 760 francs; mais aujourd'hui le marais vaudrait en location 300 francs l'hectare et pour la totalité 960 francs. — Différence annuelle en plus, 360 francs! Le succès de cette expérience et amélioration qui n'avait jamais jusqu'à ce jour été tentée dans ce marais et autres environnants est certes de nature à susciter des imitateurs.

Améliorations réalisées sur la 2e partie de l'Exploitation.

DRAINAGE. — On a vu plus haut que la longueur totale en cette partie était de 11,276 mètres répartis à concurrence : 1° de 3,252 mètres sur les Vignettes (Sainte-Marguerite-d'Elle); 2° de 678 mètres sur l'herbage de Cartigny-Lepinay ; et 3° de 7,341 mètres sur la terre de la Fontaine (Moon-sur-Elle), et le pré de Nérande (Saint-Fromond). Ce drainage a été exécuté avec des tuyaux et une garniture de galets apportés de la forêt (Lison). Le labour et les herbages convertis en ont admirablement profité.

Le jardin derrière la maison de la Fontaine a été replanté entre les vieux rangs avec 71 pommiers. Cette plantation exécutée dans les mêmes conditions que celles sur Lison, a coûté en tout............ 210 fr.

Les conversions en herbage à Moon contiennent 4 hectares 40 ares. Elles n'ont reçu qu'un engrais au prix de 250 fr. par hectare, soit pour le tout.. 1,100 fr.

Une des pièces de Sainte-Marguerite-d'Elle, désignée par le cadastre comme sol unique, est maintenant en herbage et l'autre subit continuellement des redressements et améliorations.

Ces redressements et travaux sur ces deux pièces ont coûté.. 300 fr.

ELEVAGE D'ANIMAUX DE DIFFÉRENTES ESPÈCES. — En général, tous les animaux servant à l'exploitation en sont des élèves. Cette exploitation exige 6 chevaux ou juments et 6 bœufs. Les juments ont trois quarts de sang et sont de couleur bai variée. Leur taille varie de 1m, 50 à 1m, 57. On fait travailler les pouliches à 30 mois et leur première saillie a lieu lorsqu'elles sont âgées de 3 ans. Elles sont élevées dans les herbages jusqu'au moment où on les fait travailler. Elles sont vendues à l'âge de 6 ans par un prix qui varie de 800 francs à 1,000 francs. Le prix de vente des poulains est en moyenne de 350 francs.

La nourriture des animaux est très-variée. On ne les laisse pas régulièrement dans les écuries et les étables. Les chevaux des cultivateurs qui travaillent journellement mangent de 4 à 6 litres d'avoine par jour, de la paille la nuit et du foin le jour. — Le pansement a lieu chaque matin avant l'heure du travail et ils sont bouchonnés le soir après qu'on les a libérés du harnois.

TAUREAUX, BŒUFS ET VACHES. — Les taureaux et les vaches n'ont jamais été attelés. Les deux attelées de bœufs non ferrés et de chevaux labourent chacune 20 ares par jour. Ils font plus dans certains labours, lorsque la terre ayant reçu plusieurs tours de charrue est devenue friable. — L'exploitation possède 45 vaches à lait de l'espèce cotentine (les essais de croisements avec la race Durham n'ayant pas donné de résultats satisfaisants). Elles sont conduites au taureau à des époques telles que, pour un quart d'entre elles, le vêlement ait lieu en septembre et octobre, et pour le surplus dans l'intervalle de fin janvier à la mi-mai suivant. L'on choisit dans les plus belles productions, pour les élever, les sujets sortis des vaches les meilleures et les plus productives en fait de lait et de beurre.— Par dérogation à des habitudes contraires condamnées par l'expérience, on laisse maintenant les veaux pendant huit jours avec leur mère, ce qui diminue les cas de mortalité. On les garde ensuite à l'étable pendant 6 à 8 mois avant de les mettre à l'herbage, et on les rentre dans les premiers jours du mauvais temps, en octobre ou novembre. Les jeunes veaux destinés à la boucherie sont engraissés soit avec le lait doux, soit avec les *écrémillons*, en d'autres termes avec le lait gras qui reste après la crème enlevée. Si cette boisson est insuffisante, on y ajoute de la bouillie de sarrasin ou de blé. Les veaux engraissés au lait doux peuvent être livrés au boucher, âgés de 2 mois et demi ou 3 mois ; les autres, à l'âge de 5 à 8 mois. Leur poids moyen est de 80 kilogrammes et ils sont vendus au prix moyen de 110 francs.

Les vaches sont aux herbages pendant qu'elles donnent du lait ; on ne les soumet à la stabulation qu'en hiver, habituellement un mois ou deux avant de vèler. Aussitôt qu'elles sont guéries et que le beau temps est revenu, elles retournent au pacage.

Une bonne vache doit donner, par jour, en moyenne de 22 à 24 litres de lait pouvant fournir 7 à 800 grammes de beurre. Dans l'exploitation, on ne garderait pas une vache qui ne donnerait pas au moins 500 grammes de beurre par jour. On trait les vaches trois fois par jour : le matin, le midi, le soir.

Le lait de beurre, ainsi que le gros lait, est employé à nourrir et engraisser les veaux ; le surplus sert de nourriture aux jeunes cochons, ainsi qu'à engraisser les plus vieux.—De la crême enlevée sur le lait on fait du beurre les mardis et vendredis de chaque semaine. Tôt après sa fabrication, on l'expédie par le chemin de fer à Paris ; il arrive aussi qu'on le livre à des négociants qui l'expédient à Rio-Janeiro et autres lieux, et ce quand ces négociants le payent plus cher qu'à Paris. Le prix de vente, est terme moyen, de 3 fr. 23 c. le kilogramme.

Dans l'exploitation on n'engraisse pas les bœufs. La couple qui doit quitter par rang d'âge (6 ans) est mise au repos dans de bonne herbe après la culture du sarrasin pour être vendue en novembre aux engraisseurs. La couple vendue cette année pesait 2,000 kilogrammes et a été livrée contre payement de 1,050 francs. — On engraisse les vaches qui s'accouplent infructueusement, celles dont la mamelle a souffert et les vieilles vaches qui ont atteint huit à dix ans. Le poids moyen d'une vache grasse est de 300 kilogrammes, et le prix de vente 400 francs.

L'apoplexie est la maladie la plus commune de l'espèce bovine lorsqu'on l'engraisse. L'animal atteint de ce mal redoutable est perdu, si le propriétaire n'arrive à temps pour le sauver par d'abondantes saignées.

Les jeunes veaux que l'on engraisse sont exposés à la paralysie. L'animal frappé de cette maladie, qui attaque les articulations, ne peut se lever ni se tenir debout. Dans ce cas, on lui tire une saignée abondante, puis on le frictionne deux fois par jour à certains endroits des reins, ainsi qu'aux articulations des jambes, après avoir versé dessus de l'essence de térébenthine, et ce jusqu'à guérison ou jusqu'à ce que mort s'ensuive. Avec ce traitement, on sauve environ moitié de animaux atteints.

Espèce porcine. — Il y a deux manières dans l'exploitation de tirer parti des porcs : tantôt on les élève pour les engraisser à l'âge de 6 à 8 mois ; tantôt on préfère obtenir des productions des femelles pour les vendre et livrer au commerce à l'âge de six semaines à deux mois et demi. Si l'on prend certaines précautions, une truie âgée de plus d'un an et qui a déjà mis bas peut fournir, par an, deux portées de dix sujets en moyenne. Le prix des jeunes porcs est très-variable. On l'a vu abaissé à 8 et 5 francs pour s'élever à 28 et 34 francs. La moyenne de ces prix est de 18 francs par animal. Donc une truie qui aura fait vingt petits dans une année aura rapporté 360 francs à l'exploitant et n'aura pas coûté 100 francs à nourrir. La cour de l'exploitation est toujours garnie de cochons, particulièrement de truies-mères de la plus belle espèce indigène. Le propriétaire choisit dans les portées les femelles les mieux conformées et qui promettent le plus de développement. Dans leur troisième année, les vieilles truies mises à l'engrais sont vendues de 160 à 200 francs, selon le mouvement du commerce. Les porcs engraissés à à l'âge de 10 mois sont vendus de 90 à 120 francs.

Oiseaux de basse-cour. — La basse-cour renferme toujours des canards, des poules d'espèces diverses, des pintades et des pigeons en quantité suffisante pour largement satisfaire à tous les besoins ordinaires de l'exploitation, qui possède aussi une dizaine de ruches d'abeilles.

Améliorations aux bâtiments de la Fontaine et sur la ferme d'Airel.

Si ces terres n'étaient en dehors du Calvados, l'exploitant dirait comment, avec quelques travaux bien conçus et qui ont coûté 2,400 fr., il a augmenté de 500 fr. son revenu locatif à la Fontaine, et quelles améliorations en fait d'engrais, de constructions de fossés, de laiterie et autres bâtiments, etc., il a conférées pendant sa longue jouissance aux immeubles composant la ferme de la Motte, le tout dans l'intérêt du propriétaire et dans celui du fermier qui finalement a fait de bonnes affaires sur cette ferme d'une ressource précieuse par ses herbages et prairies pendant les défrichements et conversions de la forêt. Les registres de l'exploitant fourniraient au besoin à Messieurs composant le Jury tous renseignements et résultats qu'ils pourraient désirer connaître sur ce chef.

Amélioration aux bâtiments des Vignettes, de Sainte-Marguerite et à la maison dite du Breton,

ANCIEN GARDE DE LA FORÊT DE LISON.

Le candidat soussigné mentionne, en terminant, 1° une augmentation de revenu et de valeur locative annuelle de 300 fr. conférée aux bâtimets des Vignettes par la disposition et appropriation très-peu coûteuse de deux chambres et d'une salle occupées dans la maison des Vignettes par des employés du chemin de fer, ci, *location*........ 300 »

2° Une autre augmentation de 200 fr. de revenu annuel obtenue par la division en deux habitations de la maison occupée par l'ancien garde de la forêt sur Lison et au bord de la route départementale d'Isigny à Saint-Lo, ci....... 200 »

Total d'augmentation de valeur locative de ces bâtiments situés dans le Calvados.......................... 500 »

Situation de l'entreprise au 31 décembre 1865.

Si l'on se reporte au registre de recettes et de dépenses de l'exploitation, tenu pour 1865, en ce comprises les dépenses et recettes de la ferme d'Airel, distinctes jusqu'alors, on trouve que les recettes générales de l'exploitation, sans parler des 3,780 francs de fermages provenant des locations de Saint-Fromond et de Cartigny-l'Epinay, s'élèvent, au 31 décembre dernier, à un total de............... 23,893 39

tandis que les payements généraux s'élèvent à 24,347 fr. 03 c. Mais il faut déduire de cette somme 4,704 fr. 07 c., montant de quatre articles de dépenses exceptionnelles complétement étrangères à l'exploitation, ce qui réduit les dépenses à.................................. 19,623 90

et donne une balance en faveur de l'exploitation s'élevant à....................................... 4,774 49

balance qui eût été plus forte s'il n'avait été dépensé 991 fr. 23 c. pour acquisitions de fumiers au profit des conversions en herbage et pour 1,040 fr. de mobilier mort et vif, y compris le tarare perfectionné, le tout ajouté au mobilier antérieur de l'exploitation.

Ceci posé, il ne faut pas perdre de vue qu'avant l'adjudication de la forêt de Neuilly en 1843, le revenu de cette forêt sous l'administration des syndics ne donnait en moyenne que 6 fr. 50 c. par 20 ares ou 32 fr. 50 c. par hectare. Le rapport des experts Vallée, ancien conservateur des eaux et forêts, Le Bouteiller et Gaugain, en date du 15 avril 1841, déposé au greffe du Tribunal civil de Bayeux, le 22 du même mois et homologué par un jugement du 21 août 1842, élevait ce revenu pour les 27e, 28e, 29e et 30e lots de l'adjudication, à 38 et 40 fr. l'hectare, soit à un total de 1,866 fr. pour les 47 hectares 85 ares, contenance totale de ces lots.

Or, au 31 décembre 1865, la valeur locative des 45 hectares défrichés ne pouvant être évaluée en moyenne à moins de 30 fr. les 20 ares, il en résulte que le revenu antérieur au 25 mars 1843 se trouve élevé de 1,866 fr. à *1,750 fr.* d'une part, auxquels il faut ajouter, d'après la valeur estimative de 1841, *108 fr.* pour les 2 hectares 85 ares conservés en bois taillis, ce qui donne, pour le total du revenu actuel de cette partie de l'exploitation, 6,858 fr., ***et conséquemment une augmentation et amélioration de 4,992 fr. de revenu annuel*** qui augmentera encore et sous peu par l'effet croissant des conversions en herbage déjà opérées, ci, *augmentation*.......................... **4,992 fr.**

En ce qui concerne *les capitaux,* il résulte de l'état de liquidation dressé par Me Niobey, notaire à Bayeux, le 3 août 1850, enregistré le 5, que Boivin de Lison s'était rendu adjudicataire 1° desdits lots de forêt par 138,121 fr. 48 c.; 2° des trois lots du Poribet par 65,000 fr., en tout 203,121 fr. 48 c., ci.......................... 203,121 48

sur laquelle somme il avait à compenser 135,186 fr. 91 c., montant de ses droits de corde dans la forêt, lui provenant de son patrimoine et surtout d'acquêts dont le principal, contracté sous charge d'une rente viagère, éteinte au bout de quelques années, lui avait été très-avantageux, ci à déduire.......................... 135,086 91

en sorte que son découvert à solder à des tiers ne s'élevait qu'à.................................. *67,934 57*

Or, il résulte de diverses quittances reçues par ledit Me Niobey que *ce solde était entièrement acquitté antérieurement au 31 décembre 1865,* en sorte que l'intégralité des immeubles, objet de l'adjudication de 1843, est entièrement libre et affranchie de toutes dettes et hypothèques, dernier point qui serait au besoin justifié par des certificats négatifs d'inscriptions.

Ce payement du solde de l'adjudication de 1843 n'a point empêché l'acquéreur *d'amortir en 1860,* devant l'un des notaires de Vire, une partie de *rente s'élevant à 550 fr. et formant le complément de 750 fr. de rente* qui grevaient depuis 1836 l'acquêt de la terre des Vignettes.— A la vérité, il avait, par héritage du 15 mars 1851, vu s'accroître ses revenus d'une somme annuelle de 1,500 fr., élevée aujourd'hui à 2,000 fr. et plus. Antérieurement à cette date et depuis 1831 il approfitait aussi 1° les revenus patrimoniaux de Mme Marie Busquet, son épouse, s'élevant à 650 fr. depuis l'amortissement de quelques rentes grevant ces revenus; 2° *les fermages de l'herbage de Cartigny-l'Epinay,* verbalement loués dans l'origine 380 fr. et qui s'élèvent aujourd'hui à *750 fr. par l'effet direct du drainage et d'engrais répétés.*

Boivin de Lison, très-bien secondé par l'active et incessante collaboration de sa femme, ne doit rien sur ses fermages de la ferme d'Airel, acquittés jusques et y compris le terme échu à la Toussaint dernière.

L'exploitation directe à Saint-Fromond de son pré de Nérande provenant de l'adjudication de 1843, lui rapporte en moyenne annuellement *1,000 fr. par an.*

Les *fermages des herbages contigus, sis au Poribet* et provenant de la même origine, s'élèvent ainsi qu'il a *été dit à 3,030 fr.*

Son mobilier mort et vif au 31 décembre 1865 est modérément évalué *à 45,000 fr.,* et il aurait pu présenter *en caisse à cette date* une somme *de 7,000 fr. et plus en numéraire,* s'il n'avait payé à même cette somme : 1° 3,000 fr. aux mains de Me Niobey, notaire à Bayeux en octobre dernier, pour frais de contrat d'acquêt de deux pièces de terre, l'une en herbage, l'autre en labour planté, provenant aussi des défrichements de la forêt, et indiquées au plan d'ensemble n° 1; 2° 4,140 fr. aux mains de Me Pommier, notaire à Lison, pour principal et frais de contrat d'acquêt d'un pré voisin de la terre des Vignettes et bordant la route départementale d'Isigny à Saint-Lo.

Tel est à grands traits le bilan général de la situation Boivin et, par cela même, l'état irrécusable de la situation de l'entreprise au 31 décembre 1865.

En présence de ces beaux résultats des travaux de toute une vie consacrée à l'agriculture, Messieurs composant le Jury auront à apprécier si les causes principales qui les ont produits remplissent suffisamment les conditions du programme imposé pour se présenter au concours de la prime d'honneur, à savoir : « Organiser ses cultures en » leur donnant une direction en rapport parfait avec les circonstances » locales où elles se trouvent placées, bien réglée dans ses dépenses et » productive dans ses résultats, dont l'exemple puisse être sûrement » proposé pour démontrer comment l'économie dans les dépenses, l'ordre » dans le travail, le perfectionnement raisonné dans les méthodes » culturales, l'heureuse alliance de la science et de la pratique, et enfin » une juste subordination de la culture aux circonstances qui la dominent, » créent la prospérité présente et assurent l'avenir des exploitations » rurales. »

Lison, le 28 février 1866.

Signé **BOIVIN**.

Présenté à la Préfecture du Calvados, le même jour 28 février 1866, avec quinze feuilles de plans portant les nos 1 à 15.

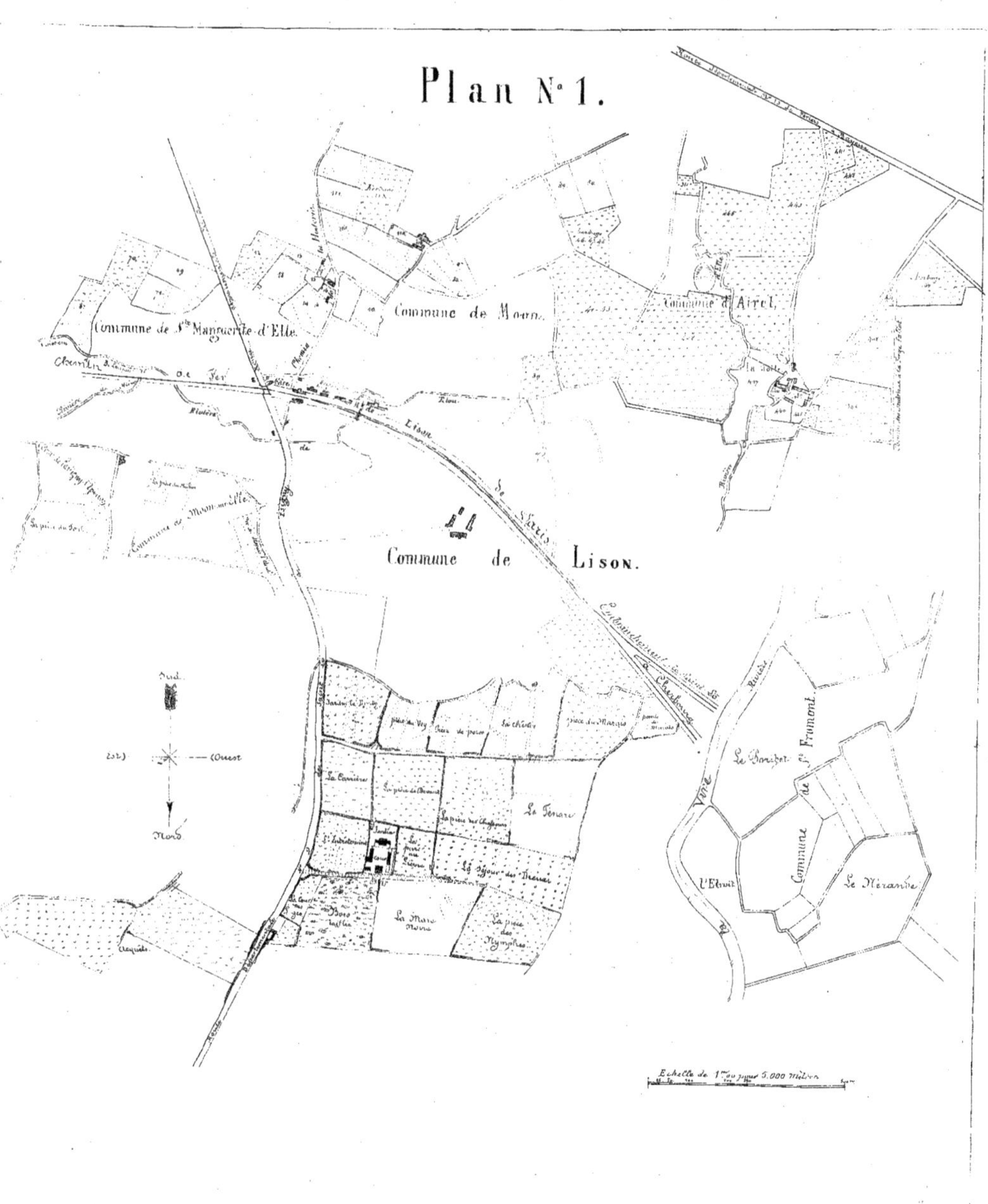

Plan N°1.
Commune de Ste Marguerite d'Elle
Commune de Moon
Commune d'Airel
Chemin de Fer
de Lison
de Paris
Commune de Lison
Commune de Moon-sur-Elle
Sud
Ouest
Nord
La Carrière
Commune de Fromont
Vire

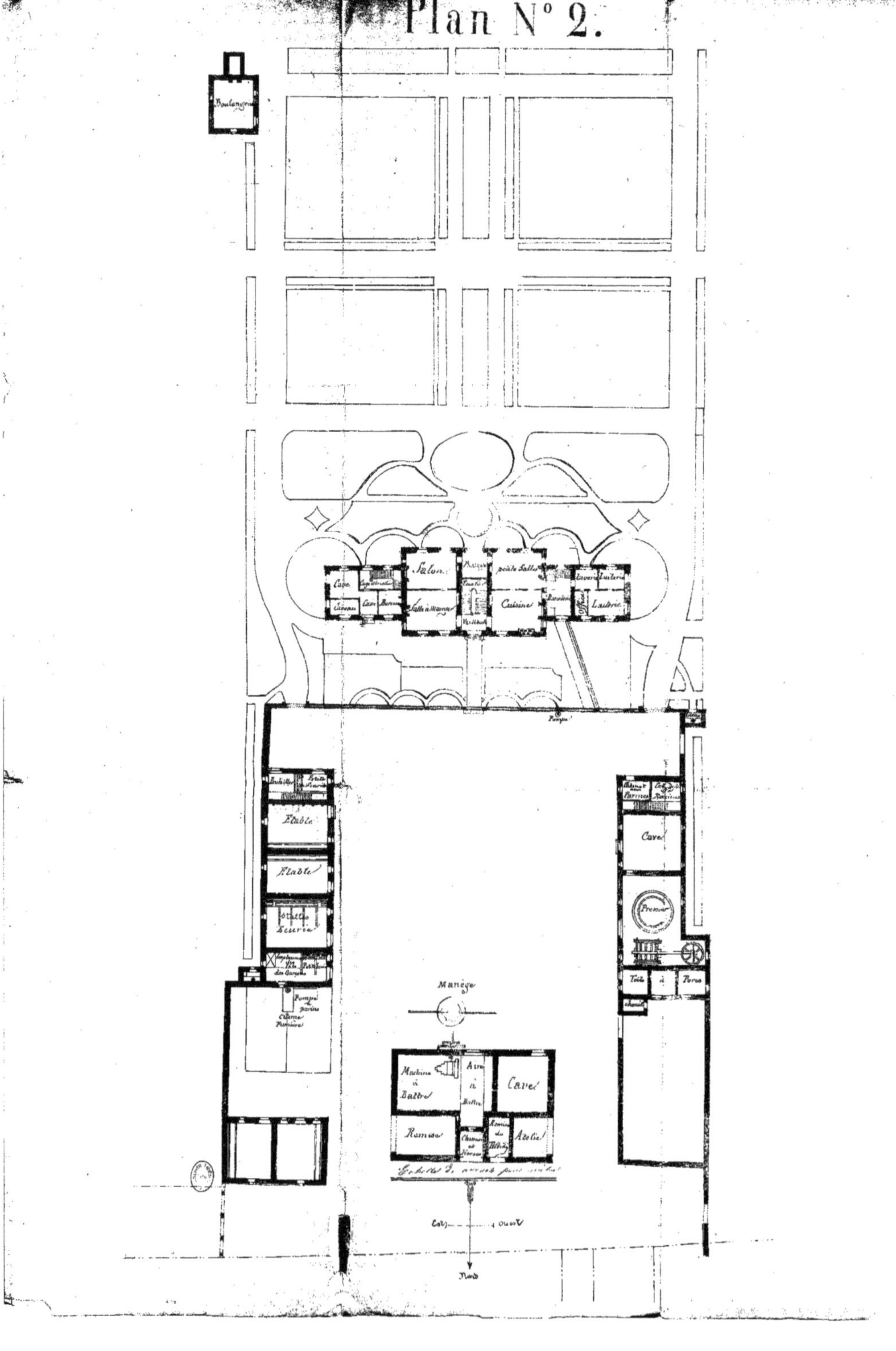
Plan N° 2.
Boulangerie
Salon
Cave
Caveau
Cave
Salle à Manger
Vestibule
petite Salle
Cuisine
Laverie
Laiterie
Office
Pompe
Etable
Etable
Ecurie
Pompe
Citerne
Fumière
Cave
Pressoir
Toits à Porcs
Manège
Machine à Battre
Aire à Battre
Cave
Remise
Atelier
Est
Ouest
Nord

www.ingramcontent.com/pod-product-compliance
Ingram Content Group UK Ltd.
Pitfield, Milton Keynes, MK11 3LW, UK
UKHW020951220726
13924UKWH00002B/617